目次

關於封面

前往在富士山一合目的地方做陶的吉田直嗣工作室時，攝影師日置從工作室的架子上看到了這個盤子。盤子上用線條畫了一隻很簡單的鳥。這是他為了聯展所做的作品。日置武晴拍下了鳥背上寫的法文，喃喃地說著「春天的第一道強風」。

特集

被自然圍繞的生活

某天，收到一張當時仍位於東京青山的藝廊「草so」的明信片，
明信片通知他們已搬遷到房總的鴨川。
幾年前碰面時，好像才抱著小嬰兒，
現在第二個孩子也出生了，
聽說一家四口已經一起移居了。
宅邸位於一個能夠俯瞰梯田，
並擁有豐富大自然的地方，
他們在住家開設了藝廊兼咖啡店。
一起來拜訪他們在鄉下的日日生活吧！

文—高橋良枝　攝影—公文美和　翻譯—朱信如

位於里山山麓梯田上的「器皿店兼咖啡店 草so」與住家。

「器皿店兼咖啡店　草so」
千葉縣鴨川市平塚1639-1
Tel 04-7098-0268

眼前寬廣的景色是梯田與蔬菜田，以及南房總的山景，可見遠方農家一縷裊裊炊煙，庭院裡的柿子樹上還剩著兩顆柿子。這些就是畑中一家人的生活居所，以及「器皿店兼咖啡店　草so」可見的風景。

這附近是距離東京最近的梯田，有「大山千枚田」之稱。

生長於東京的夫妻倆，移居的地點位於鴨川市，在地圖上的位置宛如房總半島的肚臍，他們就住在這里山（編按：指位於高山和平原之間包含社區、森林、農業的混合地景）的中間位置。在鄉下地方生活並不是太驚人的事，不過要在那樣的地方開一家結合器皿與咖啡的店家，實在是令人吃驚。

「這裡讓人感覺非常舒服，然後就完全愛上這裡了。」

「草」的店主美亞子自在地笑著說，一旁的男主人只是微微地笑著。對於這兩個人來說這也許不是什麼太驚人的決定。

「那座山是房總半島最高的山，但標高只有400公尺左右。」

畑中亨一邊說，一邊指向左手邊遠處的山。比起東京，這裡可是相當溫暖的，一家人都穿著薄衫，起居室（客廳）的玻璃窗全是開著，山裡的樹林與地面的雜草全都綠油油的，還有綻放的花朵。

畑中一家四口。玩累的小瑞季睡眼惺忪。即使是十二月，因為有溫暖的日光也只需穿著薄衫。

很熟悉鄉下生活的小朋友陽南子，正活潑地來回嬉戲。

被冬天的陽光包圍的家，起居室的玻璃窗即使全部都開著也不覺得冷。

成為選中這裡的決定性關鍵是下方位於田中間的那棵樹。

「鄉下地方有很多選擇，為何要選在房總這個地方呢？」這個問題從美亞子的回答中獲得了釋疑。

「大約在20年前，父親在這附近弄了鴨川自然王國，所以很小的時候就經常到這裡來，也因此對這裡有一種熟悉感。」

提到鴨川自然王國，就會想到藤本敏夫、加藤登紀子夫婦，也就是說這兩位是美亞子的雙親！美亞子見我驚慌的反應，自在地笑著說，你想的沒錯。

「父親大約在8年前過世，不知什麼時候開始有了想要在鴨川生活的想法。」

畑中亨也贊成美亞子這樣的想法，並於2007年開始正式尋找土地。尋找的第二天就找到了這個地方，而這裡應該是在20年前棄耕的農地。這期間剛好美亞子在同學會與國小同學重逢，於是便委託他設計了。

「房子的設計盡可能地融入周邊自然環境，像是倉庫的那種感覺，是讓住家內外的界線變得曖昧的家。」

這是能夠依照自己期待所設計的住家，玄關完全被房間圍繞，成為像房間又像是迴廊那般具有魅力的空間。

在下方的田地裡，畑中亨和陽南子兩個人構成的景象就像是一幅畫。

在住家附近，
即使是冬天，
雜草依然精神
奕奕地伸展著
綠葉。

庭院板凳上
的石頭。

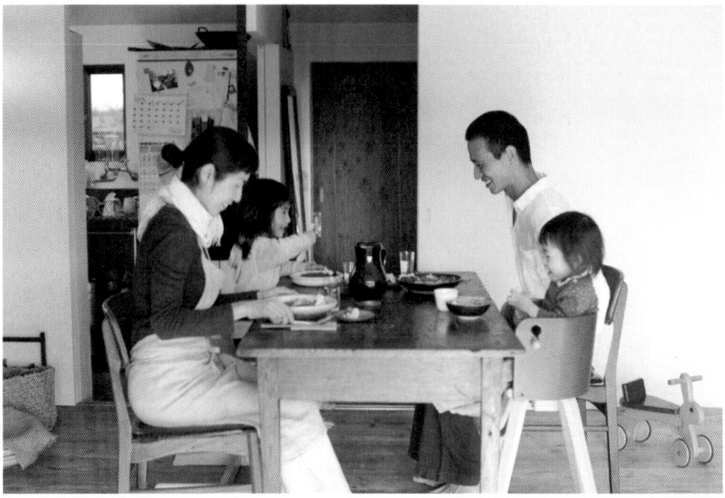

一家四口的午餐時間。陽南子再添一碗爸爸的手作蔬菜咖哩。日光很溫暖。

從二樓寢室的窗戶，可以環視南房總的山景。

畑中亨工作的角落，四方形的窗戶，將外面的景色擷取成一幅畫。

從二樓下來的陽南子。

午餐吃到一半就睡倒在沙發的瑞季。

寢室的窗戶。剛搬來的時候，一家四口就從這個窗戶一直眺望美麗的滿月。

織染專家的友人用來
染布的乾燥洋蔥皮。

咖啡店的門一開，裡面
就是住家的空間了。

垂吊在寢室天花板的
有趣吊飾。

小巧可愛的藝廊空間「草SO」

有如森林裡小矮人的家，
可愛的藝廊全景。

排列於窗邊櫃架上的器具。郡司庸久、市川孝、田谷直子等為常設作家。

特地與主屋分開的藝廊。從南方引入大量的日照，即使冬天也很溫暖。器皿是黑色與白色的陶器，擺放在中心的位置；器皿與器皿之間用漆器與木製湯匙妝點，讓它有些變化。趁搬家的機會也賣起了鞋子。

「咖啡店的咖哩盤是拜託郡司庸久與慶子夫婦，以及市川孝、田谷直子特別製作的。」

對於大小及深度的堅持，追求用餐與盛裝時的方便性，這些器皿在藝廊也都有販售。

「由於孩子現在還小，所以目前只有週五、六、日有營業，未來會想要再增加營業天數。」

然而，到這裡來的客人都是在假日，要是平常日開店，還真不知道會不會有人來訪呢？說著說著兩人互看了一下。

這兩個人看起來像是森林裡的妖精或仙人。處在與東京完全不同的時間裡，這一家子到哪都以自己的步調，自在地過著每一天吧！完全不虛張聲勢，自在的態度，實在令人佩服，讓庸碌的我無比羨慕。

藝廊中央的陶製火鉢，醞釀出溫暖的氛圍。

擁有舒適環境的咖啡店的招牌——蔬菜咖哩

靜謐地里山風景與品嚐咖啡的一角。舊舊的桌椅營造出沉穩的氛圍。

藝廊的入口與咖啡店的入口相對著，參觀完器具後，可以享受被里山空氣包圍的優閒時光。

咖啡店的南側不一定要開設一面大窗，稍小的四角窗，所擷取的山景有如畫一般的效果。

「我們是抱著要是有個能夠放鬆的空間該有多好，這樣的想法去完成的。」

在東京生長的畑中亨，曾經任職於東京神保町的設計公司，做過雜誌設計，不過因為本來就愛料理，所以決定要搬來房總後，就有了想要將藝廊與咖啡店結合的決定。

「用這塊土地的蔬菜烹製咖哩，並預計將此做為咖啡店的主要料理。」

畑中亨從以前就喜歡咖哩，也曾去料理家渡邊玲的料理教室學習，店裡的咖哩好像是參考了那裡的食譜烹煮的。

畑中亨的咖哩是用好幾種辛香料和香草調製而成的正規咖哩。因為是用當地農家的蔬菜來烹煮，所以每週使用的蔬菜也會更換。覺得購物不方便的想法，是習慣都市生活的人才會有吧？畑中亨邊笑邊回答，「每天都覺得很有意思，也不會覺得有什麼不方便的。」

如果能將自己一點一滴耕作、培育的蔬菜在咖啡店推出，夢想好像更加擴大了。

擺在每張桌上
的可愛野花。

貼在咖啡店木板上的菜單。

風乾的綠色番
茄攤在陽光
下，不知道成
熟沒。

有如畫一般的窗景，灑入的光線在地板上作畫。

咖啡店的甜點，豆腐奶油
塔。

在一升大小的木盒裡
裝滿了石頭。

咖哩用的餐具，試過用漆器與木作湯匙，最後選了這個湯匙。

咖啡店的咖哩飯

今天的咖哩飯是「地瓜和香菇、綠豆咖哩，香料炒綠、白花椰菜」。

「咖哩主要以蔬菜及豆類為主。每個星期從當季蔬菜中思考他們的味道與顏色、還有不同的口感組合，實在是一大樂趣。」

用沾了香料味的油把洋蔥和番茄慢慢炒得熟透，再放進蔬菜與豆類完成。小荳蔻、肉桂、丁香、肉桂葉、黑胡椒等香料在油裡浸泡一整夜，香味都被逼出來了。

加上手做醃漬蔬菜的咖哩套餐。古代紫米配上咖哩、加上蔬菜顯得十分美麗。

在鍋裡倒入菜籽油與香料，用小火慢慢把香味逼出到油裡。然後把香料取出，用瀝出的油來炒洋蔥

把洋蔥炒到熟透以後，放入薑與蒜末，番茄還有香料粉、做成咖哩的底，再放入綠豆。

把地瓜切成兩公分大小，用鹽巴、薑黃還有檸檬調味，加入浸泡過小茴香的油炒過後燜煮，然後倒入咖哩湯底。

飯裡面因為加了黑米，煮好後會跟紫米一樣紅紅的。把七分米與黑米一起洗，然後放入鍋裡煮。

準備把材料混合。在平底鍋倒入菜籽油與小茴香，芥茉籽、辣椒後，以小火翻炒至香味浸透到油裡。

把香料味道逼出來後，將稍微用鹽水汆燙過還保留硬度的綠、白花椰菜放進鍋裡炒，再加上鹽巴和胡椒調味。

咖啡店的甜點

咖啡店的甜點由美亞子負責。豆腐奶油塔佐自製果醬與無花果米蛋糕，還有自製麵包是固定菜單。飲品有「蒿咖啡洞」烘焙的咖啡與咖啡牛奶、新鮮香草茶、有機阿薩姆、新鮮香料茶，以及印度香料茶等等。

麵包是陽南子一起幫忙做的，連麵粉跟酵母都很講究的原創配方。我們在院子度過午茶時光，桌上裝飾著陽南子摘來的野花。我還吃了豆腐奶油塔，味道既溫柔又溫暖。

口味質樸溫和的「無花果米蛋糕」，非常適合在大自然中享用。

自製麵包

國產麵粉採用來自北海道的全麥麵粉。酵母用的是白神小玉酵母。常溫下緩慢的一次發酵。看起來發得很好。

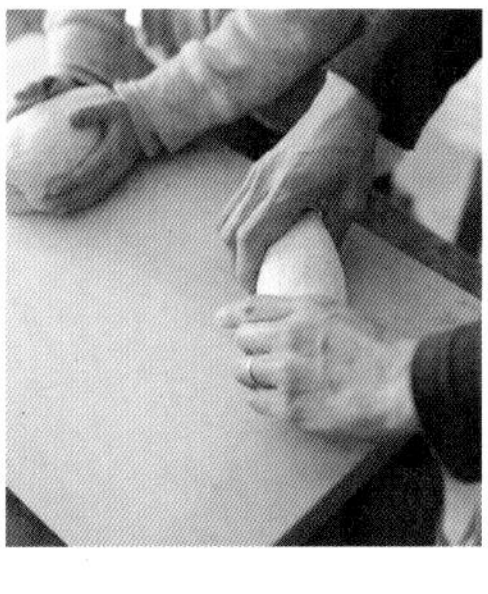

配合模具的大小，整理出膨脹的外形，看著媽媽的製作方式，陽南子也拿捏得很棒。

把麵團分成兩塊，陽南子說「我也要幫忙！」加入，用手溫柔的搓揉。

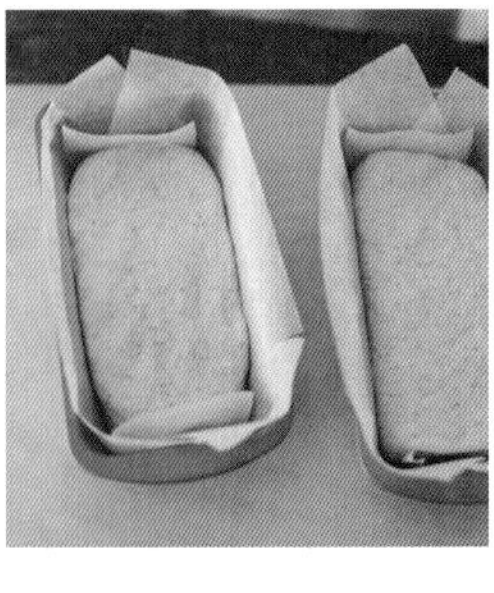

把烤紙鋪在烤模上然後放入麵糰，將表面壓平後進行大約一個鐘頭的二次發酵，再放入烤箱用170度烤25分鐘。

剛出爐的自製麵包看起來好好吃。香味四溢。

器之履歷書❼

三谷龍二（木工設計師）

裁縫箱

文．照片—三谷龍二　翻譯—王淑儀

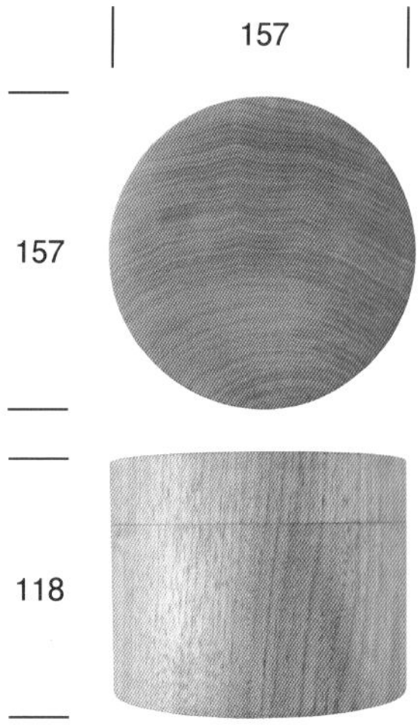

材質→櫻木　塗裝→上油

箱子中的綠色布包是在福岡的選品店Marcello所買的軍用裁縫組。鈕扣類收在生銹的鋁盒中，縫針則是存放在自製的木桶裡。

縫紉，對身為男性的我而言，不太有機會接觸到。襯衫的扣子掉了或是衣服有些破損時也許會拿起針來補一下，大致只有在這個範圍裡，比起削木頭的工作，實在是相去甚多。

忘了是什麼時候，有次褲腳的縫線鬆掉了，每次要穿那件褲子的時候，總會踩到反摺處，實在是很麻煩，沒辦法只好自己來縫一下，於是拿出了裁縫箱。我從箱子裡選了與褲子相近的縫線，穿過針眼，打結，到此還一路順遂，接下來我就不知道該從何開始縫起。我記得以前在家政課時老師曾經教過我們，但是卻怎麼也想不起來該怎麼做。我還是硬著頭皮縫好，結果翻面一看可見清楚的縫線痕跡，實在難看。

男孩子學習裁縫的機會僅有小學時的家政課。啊啊，如果可以再去學的話就好了。同時也讓我體認到家政課的重要。若要學習像是裁縫、料理等基礎生活技能的課程只有在家政課，長大之後，即使已經過了這麼久，這類技能還是不可或缺的。

當然我們不知道此後會不會像是《魯賓遜漂流記》裡的主角一樣漂流到孤島上，就算此生不會遇上，但是習得不依賴別人的生存技術仍是很重要的，又對於像我這類創作者來說，去理解生活中一些生活用品如何應運而生的必然也是一大要事。

維梅爾（Jan Vermeer, 1632-1675）有幅畫《刺繡的少女》，畫著一名專心刺繡的女孩，她是如此一心投注在針頭上，周圍的聲音，甚至整個世界彷彿都消失了，只剩下她一人存在於此。欣賞此畫的觀眾也被感染了那氛圍，連身為觀看者的我們周圍的聲音也都被消去，被吸進少女專心集中注意力的針頭之寂靜裡。

對我而言，作菜是每天重複在做的事，因此感到很熟悉，然而裁縫卻是非常遙遠的事。不過雖然我不擅長於針黹之事，還是很喜歡欣賞美麗的布疋。

像繡花布就是很有魅力的布。繡線不像鉛筆或是畫筆拉出的實線，有虛線特有的溫暖，因此我特別喜歡。為了能夠多少認識一下繡線的魅力，有一天我去買了繡線與針，拿起一條抹布來縫。成果當然不怎麼樣，然而在追尋著忽隱忽現的針頭時，我突然感覺到原來縫紉的世界是如此的寂靜。做木工時因為會使用機器，聲音大到得戴耳罩保護耳朵，雕刻要敲敲打打，還會產生一堆木屑，這些都跟縫紉天差地別。

有次，我到從事織布業的朋友工作之處，親眼見識到織成一反（編按：布匹的尺寸單位，成人一件衣服所需的布量。約寬2.4尺、長26尺）的布要花上好長的時間，我感覺到她們織布時也一邊將時間織了進去。在我的想像裡，織成的一塊布上，經線是紡織手的意識，緯線則是織成一塊布所需花費的時間。

目前對我而言，裁縫箱還只是像感冒時才會拿出來用的急救箱，然而在這箱子裡有著最低限度的道具，只要有一個這樣的箱子放在家裡，就能感覺裡面收放著縫紉的技能，令人小小開心著。

春天的花朵蠟燭

一直看著寧靜的燭光，
不曉得為什麼心情就很平和。
前田佐千子的蠟燭以花朵、動物、蛋糕為主題，
像藝術品一樣優美可愛。
在以春天的花園為意象的蠟燭作品中，
她要教我們怎麼製作雛菊蠟燭。

文—高橋良枝　攝影—公文美和　翻譯—蘇文淑

把完成的雛菊蠟燭放進可愛的盒子裡，還能當成禮物送人呢。

前田佐千子
蠟燭設計師。Vida＝Feliz負責人。於東京青山、六本木及大阪、神戶開設蠟燭教室。
http://www.ne.jp/asahi/vida/feliz/

我一直以為蠟燭就是棒狀、球狀或頂多是動物造型而已，看到前田佐千子做的蠟燭時真的很驚喜。層層的薄花瓣疊起了芍藥和亞洲毛茛，完全不像是用蠟做的，好纖細。還有逼真的棍子麵包蠟燭跟馬卡龍蠟燭。

前田佐千子在小學自然課上做過蠟燭後，便迷上了這項遊戲，時常製作，試著找出自己的風格。將一項童年的遊戲持續下來，發展成工作，那背後隱藏的情熱真是驚人。她的作品完成度也很高，令人讚嘆。

前田佐千子的第一本書《如何製作蠟燭》如今已經成為夢幻珍稀本，在前田迷之間價格水漲船高。「真的很不好意思，因為出版社倒了，發生了這種情況。」

她很過意不去，雖然這一點都不是她的責任。她在一股無法遏制的情熱下持續製作蠟燭，這讓她的姊姊國米里惠也動了起來，兩人一起開了蠟燭教室Vida＝Feliz（快樂生活）。

作品的設計及東京的工房由前田佐千子負責，而大阪及神戶的教室則由里惠負責。

這些都是蠟燭。色彩繽紛、細緻的花瓣點燃了感覺好浪費呀。

製作
雛菊蠟燭

惹人憐愛的小雛菊搖曳在春天的野地上。
把那花做成蠟燭吧。
多做一些還可以分送給朋友，
朋友也會高興。

材料與準備用具
（右上起順時鐘）
紙杯、蠟燭用燭芯、石蠟、蜜蠟與蠟燭用染料、竹串、湯匙、石蠟紙

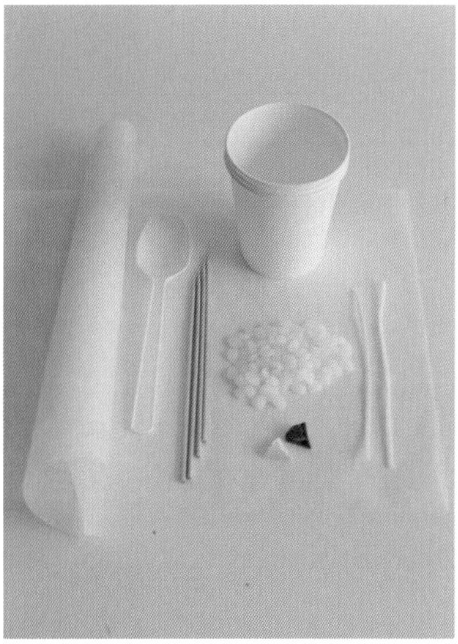

1
製作雛菊花蕊。把熔化的蜜蠟上色後，用湯匙舀起來倒在石蠟紙上鋪平。

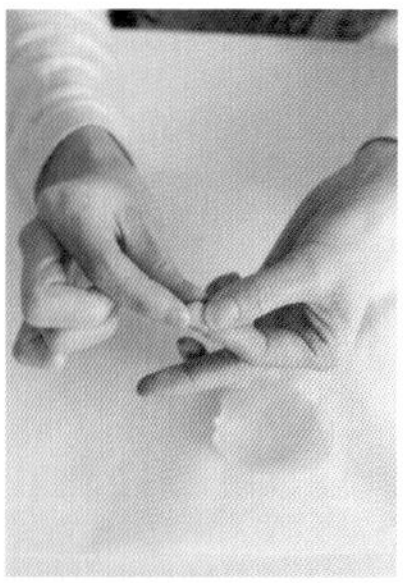

2
等鋪平的蠟變乾、邊緣稍微捲起來時，把它輕輕地撕下來，用手指頭捏成稍微平扁的圓球。

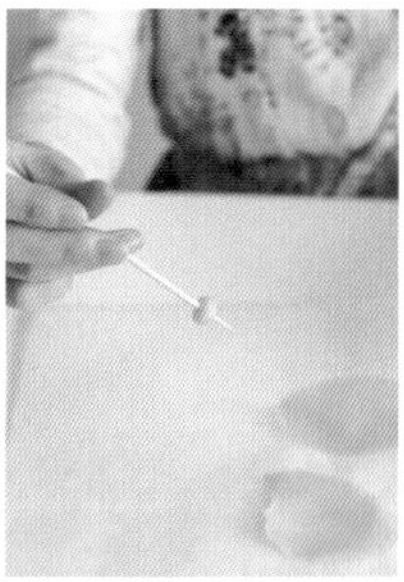

3
在圓球狀的花蕊中間，用竹串穿出一個洞，用來穿過燭芯。

4
用竹串在表面刮出凹痕，讓它看起來更像花蕊。

5
製作花瓣。把熔化後的石蠟鋪成薄薄一片，快乾之前用竹串畫出花朵的形狀。

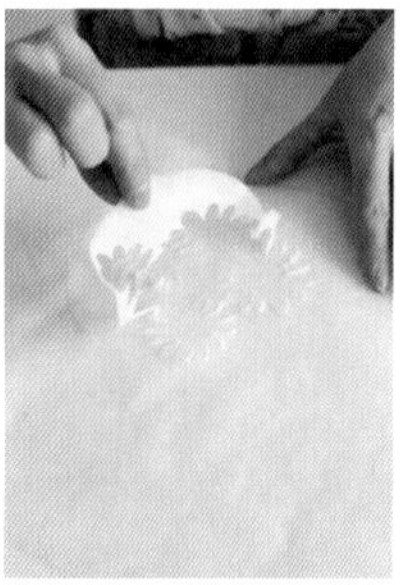

6
當花瓣浮起來之後，請把旁邊的石蠟撕掉。

7
把兩片花瓣重疊在一起，中間稍微往內凹，讓它看起來更像真的花朵。

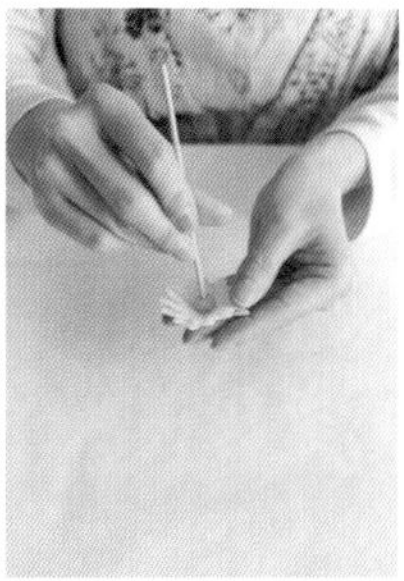

8
用竹串在花瓣中心刺一個洞，用來穿過燭芯。

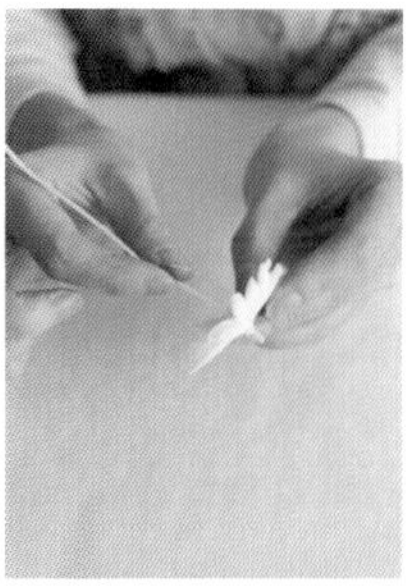

9
把花蕊放在⑧上面，用竹串同時穿過這兩者中間的洞，接著把燭芯穿過去。

10
把花瓣背面的燭芯反折大約一公分左右，塞進洞口。

料理家細川亞衣的私房食譜⑰

熊本的日日料理

在熊本生活的亞衣。
跟熊本食材的相遇，
也激發了她的做菜魂。
把屬於細蔥類的一文字蔥
料理成義大利風格，
讓餐桌上也飄著春天的香味，
是道簡潔而高雅的菜。

料理・造型—細川亞衣
攝影—日置武晴　翻譯—蘇文淑

第一次到熊本時，發現有這種菜名像是小孩子童言戲語的菜後，我馬上對在這塊土地上的生活充滿了期待。一文字蔥在青蔥裡頭算是香味濃的，蔥白也很有個性，所以既可以像傳統作法那樣把蔥燙熟後彎溜溜地捲起來，淋上醋味噌吃，也可以嘗試其他作法，可能性無限廣大。

一文字蔥的模樣，與我在漫無目的的早春南義路上看見的那堆在小販推車上的一束束小蔥重疊在了一起。寂寞與美好交雜的那些日子，至今記憶鮮明。

■材料

一文字蔥	大量
紅辣椒	適量
特級初搾橄欖油	適量
粗鹽	適量

■作法

把一文字蔥洗乾淨，不用把水分濾得太乾，直接放入鍋中。

加入撕碎的紅辣椒跟大量特級初搾橄欖油，灑上粗鹽後蓋上鍋蓋，開中火。

中間翻一次食材，讓上下受熱均勻。蒸煮到軟嫩為止。

＊一文字蔥煮了後會縮水，最好多準備一點（大約一人一束）。還可以用其他熊本蔬菜來替代，例如雪菜（類似高菜）或水菜。

油蒸一文字蔥

桃居・廣瀨一郎
此刻的關注㉑

探訪 吉田直嗣的工作室

勾勒出黑白調器皿的是減至不能再減，洗鍊至極的線條，然而卻又隱含著人手的溫度。
吉田直嗣靜謐的作品，彷彿無論何種料理都能溫柔接受、完美映襯。

文—草苅敦子　攝影—日置武晴
翻譯—王淑儀

手正在轆轤上一口氣毫不猶豫地拉出器皿的形狀。

在森林環繞下的工作室一角。吉田在只聽得到轆轤轉動聲的寂靜中創作。

「很少看到這麼整潔的工作室呢！」吉田直嗣的工作室十分整齊，就連參觀過許多作家工作室的廣瀨先生也不免一驚。

「必是受到師父黑田泰藏的影響吧！」

「是啊，不過他若看到一定還是會嫌我工作室怎麼這麼亂吧！」吉田笑著回答。

吉田直嗣在2000年起的三年間曾師事於白瓷器作家黑田泰藏，那段日子不用說當然是忙得不可開交。

「除了拉坯及切削的作業之外，全都是弟子的工作，打掃、準備陶土、進窯，因為每個月都有展覽，所以打包作品、寄送等作業多到忙不過來。」

黑田身邊僅有一位弟子，因此吉田每天都與這位人氣作家一對一地相處、觀看他創作。只是廣瀨一郎曾與他的師父聊過，黑田說：「吉田根本就是最輕鬆的。」

「因為個性使然，不管在什麼狀況下都是那樣悠然自得。」

看過吉田作品的人，腦中一定會浮現那極簡的黑色器皿。那完全顛覆了黑田的弟子就是白色器皿的想像，吉田自黑田手下獨立之後不久，就將白色封印，這是他對陶藝的一種覺悟吧！

「跟吉田談話時，可以感受到他是個很溫和的人，然而在創作上，卻非常頑固，他追求的簡潔甚至到了禁欲的地步。」

隔了五年後，他重新開始創作白色器皿。黑色作品是上了鐵釉的陶器，保留了陶土原本的質感，而白色作品為瓷器，分為上了厚實手感的灰釉及平滑的石釉兩種，有著就像白墨水洗過器皿留下的光滑感。不論是白色作品還是黑色作品，外形都極度簡潔，甚至不在上面留下名字。

「我問自己，什麼是突顯自我的個性，得到的答案是不在造形上追求個性的顯現，而是抹去個性後，在底下所留下來的東西。」

「吉田的作品不只賞心悅目，也能映襯料理，普遍的特點也是大家追求的。」

吉田直嗣生長於靜岡縣沼津市。高中時嚮往成為設計師，之後考進東京美術大

架上緊密陳列的作品據說是位在長泉町的某美術館內餐廳所訂製的。

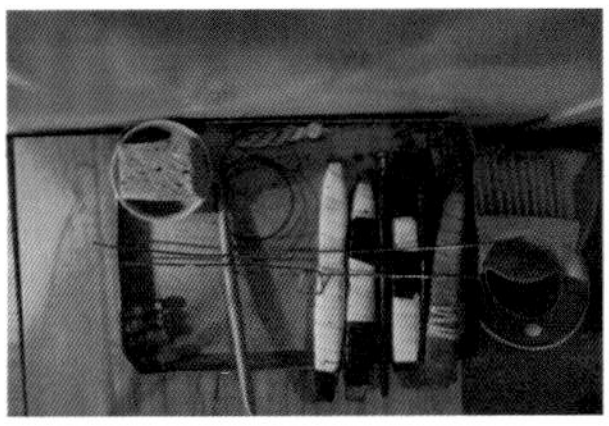

ㄈ字型的桌子上只放著製作時所需，最低限度的工具。工具幾乎都是自製的。

在如自家後院的廣大森林裡散步。吉田說「有時還會有熊出沒喔。」在豐饒的大自然裡，威脅也是如影隨行。

學。

「那時我看著椅子等設計，沒來由地就是很喜歡。」確實他的作品所呈現的端正造形是讓人意識到經過計算的設計性與機能美，這種美感意識也許就是那個時期培養出來的。上了大學沒多久便進入陶藝社，問到參加陶藝社的理由，他說：「因為開始一個人生活，既沒錢也缺食器，就想說不如自己動手做吧！」

從此就陷在轆轤裡，第二年開始就決心要當個陶藝家。後來經過教授的介紹，認識了已故的陶藝家青木亮，不時去向他請教，大學生活幾乎都是陶藝。畢業後，他去參觀了舉辦青木亮個展的桃居。

「我對青木老師說我在伊豆的陶藝教室教人作陶，他非常嚴厲地教訓我，還要我辭掉那工作。隔天我真的就辭職了。然後在青木老師的幫助下，剛好黑田先生在徵助手，於是我決定去拜黑田先生為師。」

獨立之後，青木先生還是不放心，「他說我光靠黑色作品是無法維生的，所以還幫我調配了粉引的釉藥。」在陶藝的路上，青木亮是位很重要的導師。

現在，工作室與自家住宅都在靜岡縣的駿東郡，富士山的一合目。海拔870公尺，是夏天避暑的別墅區，這租來的房子是妻子

吉田直嗣

Naotsugu Yosbida

1976年生於靜岡縣沼津市。自東京造形大學畢業後，2000年起師事於陶藝家黑田泰藏。2003年獨立，於富士山麓築窯。以創作器皿為主，並積極於全國各地展出。

「剛獨立的時候，為了解決運動不足的問題而開始騎自行車，結果就一頭栽進去，可以說是我人生第一個興趣呢！」主屋的玄關（照片右）與工作室的天井（照片左）牆上吊掛著三台自行車，每一台都是職業級的。

吉田薰祖母留下來的別墅，如今他們一家人在此生活。

「夏天時不開窗也很涼爽，冬天雖然十分嚴寒，但如果可以忍受這點，這裡是個安靜的好地方。」

在這裡一同生活的有吉田夫婦及他們的長男己灯，然後在這次的採訪之後沒多久，次男乃壱也誕生了。這個冬天開始，就是一家四口的生活。以前工作室設在主屋的一個房間裡，現在已移至主屋旁，新增建的空間。屋子後面是一連延續到山頂的廣大林地，就像是一個超大的庭院，在他們家的範圍裡，每天晚上都有出來覓食的鹿兒來造訪。

「暫時還是只做黑白色調的作品嗎？」廣瀨一郎問起今後的展望。

「其實我現在正嘗試做水藍色的器皿，只是一直沒能燒出如青空般清透澄澈的顏色。」

吉田的興趣是騎自行車，他說在天氣好的日子裡，會一口氣騎上近三個小時。也許他追求的是那時眼中所見的顏色。

「如果能夠成功燒出那顏色，一定是前所未見的作品呢！」

玄關的牆上掛著吉田愛用的自行車，車體也是水藍色的。廣瀨一郎與我們都為了那前所未見的水藍色作品而懷有無限期待。

靜謐的造形 完美維持了 土與重力間的均衡

文—廣瀨一郎　翻譯—王淑儀

就如同每個畫家的素描，擁有極具魅力的線條，陶藝家在轆轤上拉出的線條也顯現著創作者獨有的躍動感。吉田直嗣在創作時盡可能地抑制，力求靜謐的造形。他的作品在將陶土向上拉起的力量與向下的重力間取得完美的均衡，雖寡默，卻給予作品力量，撐起內在的張力。

■直徑120×高80mm

一般我們會在碗底或高台邊見到窯印，表示其創作者之名，然而吉田直嗣的作品上卻沒有窯印，應是他不想要大聲宣揚「我是這碗的作者」吧！這種不屬於嚷嚷著「看我看我！」一類，匿名、低調的器皿遠離了誇張地自我主張的形式，散發出一種清澄的清潔感。

■直徑150×高62mm

桃居
東京都港區西麻布2-25-13
☎+81-3-3797-4494
週日、週一、例假日公休
http://www.toukyo.com/
廣瀨一郎以個人審美觀選出當代創作者的作品，寬敞的店內空間讓展示品更顯出眾。

日日・人事物⑭

隨季節而食的甜點
尋訪mountain mountain山山

文—Frances　攝影—Evan Lin

不知道從哪裡看到關於山山的臉書，看到了照片裡每一個都看起來好好吃的甜點與鹹派，試著訂購鹹派、蛋糕與肉桂捲之後，只能說每一項都讓我大為驚豔。然後興起了想採訪這間不但講究食材，有些甜點更只配合季節而做，而且只能透過網路訂購的熱門甜點工作室。從去年聯繫，等到今年山山從山上搬到都市裡，一切安定就緒後，跟著攝影師踏進這個令人感覺非常幸福的空間裡。

山山的負責人兼甜點鹹派製作人是一位年輕的女孩李維瑩。本來沒那麼愛吃甜點的她，兩年前因緣際會幫朋友的咖啡店製作點心而大受好評之後，便離開了原本服裝相關的工作，在外雙溪的半山腰，開起了甜點與鹹派的工作室山山。

但不是專業料理人出身的她，在研發的過程中也遇過不少瓶頸，經常帶著考察的心情去吃別人做的料理與甜點。每個產品都花了很長時間研究出自己滿意的味道。

例如冬天訂單特別多的肉桂捲，「一

開始做出來的都是沒有發酵成功的麵包，還自以為是成功的。」山山的肉桂捲是屬於瑞典做法，與一般市面上看到的肉桂捲有些不同，沒有過度甜膩的糖霜，恰到好處的肉桂與豆蔻香料，據說很多原本都不愛吃肉桂捲的人，甚至第一次吃就愛上了山山的肉桂捲。「或許我的甜點是原本沒有那麼愛吃甜點的人都能接受的口味吧？」她說。

許多人看到山山的點心介紹，受到吸引的原因之一應該是每一樣都用了頗為講究的材料。「我的朋友也問過我，用這些材料，成本不是會增加很多嗎？但我覺得因為自己花了很多時間在做這些點心上，就應該要用自己也能接受的食材，自己能夠心安理得。例如雞蛋或牛奶，必須要是自己相信那些東西是好的，因為那些食材也都是被用心對待而生產出來的。」好的原料加上好的料理方式與製作的心意，因而成就了我們入口的美味。

山山用了南投自然放牧的雞蛋、屏東的大麥豬、在番茄盛產的季節，使用長

這是今年4月新開發出來的點心。山山用最近收到台東東河鄉的有機晚崙西亞甜橙，把它熬成醬之後，做出了晚崙西亞甜橙生起司塔。應該也是期間限定，想品嚐可得動作快一點。

從外雙溪的山上搬到了天母巷弄裡的公寓，小小的陽台依舊種滿了薄荷、迷迭香、巴西利、百里香、奧勒岡等各式香草。

相不討喜但是可以等待它慢慢熟成的本土傳統番茄，加上自家種植的大量香草等，在不斷研究之後，做出來的鹹派讓旅居歐美的人，吃了直說比他們在外國當地吃到的還好吃，甚至冷了吃也都別有風味。

除了固定可以嚐到的鹹派，每年冬季限定的蘋果塔，更是一開放訂購就馬上額滿。對於太晚發現而至今未嚐過的蘋果塔，我問：「台灣現在蘋果四季都有，為什麼只限定冬季一兩個月？」李維瑩說：「因為我用的是梨山的有機蘋果，種植過程不施打藥、沒有上蠟，青蘋果大概是九月至十月，十一月到十二月是蜜蘋果。那些蘋果都不大，我吃到時非常驚訝，清亮的酸中帶有甜度，還有著不可思議的清脆口感，與進口的蘋果口感有著天壤之別。」因為一般蘋果點心都會加上肉桂做成蘋果派或是蛋糕，「但我想做一種可以表現出這個蘋果特色的點心，於是就研發了蘋果塔。我還記得之前有個法國客人來買，吃了之後跟我說，那個蘋果塔有他家鄉的味

山山的點心盒上會放一小束的香草，收到時看到那簡單可愛的香草都會不自覺開心起來。

關於點心的說明都是李維瑩自己手寫的，字跡非常可愛呢！

空閒時坐在最喜歡的位子上閱讀。

道。」對於要花很多時間一個人面對材料、烤箱的料理人來說，這樣的回饋或許是最大的鼓勵吧！

其實透過網路訂購並不是因為不想直接面對顧客，而是一個人實在忙不過來。有時收到顧客的回饋留言或信件時，感覺非常開心，「彷彿自己在點心裡投注的心思有人接收到了」。

如果可以想吃蛋糕就能買到蛋糕而不需要透過預定的話，該有多好！對於許多人的期望，她很謙虛地說：「等累積到一定實力之後，或許也會開一家店吧？」我非常期盼可以早日拜訪到這家店並介紹給大家。

山山
mountain mountain

FB：https://www.facebook.com/mmbaking
☎02-28344639

薄荷紫蘇雪酪

配合逐漸炎熱的天氣，
山山分享了一道無法提供訂購
但可以讓大家自己在家做的簡單甜點。
酸甜清新的口感，
應該是大人小孩都會愛上的口味吧！

■材料

白糖……150克

冷水……150克

綠紫蘇葉（剁碎）……7克

檸檬汁……18克

冷水……120克

檸檬皮……1顆

檸檬……1顆

1. 將一顆檸檬切對半擠汁，去除內部薄膜。

2. 白糖與冷水150克以中火煮滾後，轉小火續煮5分鐘至些為濃稠糖漿。

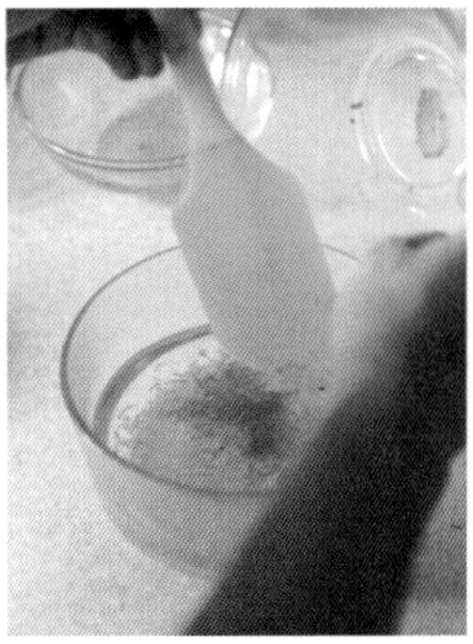

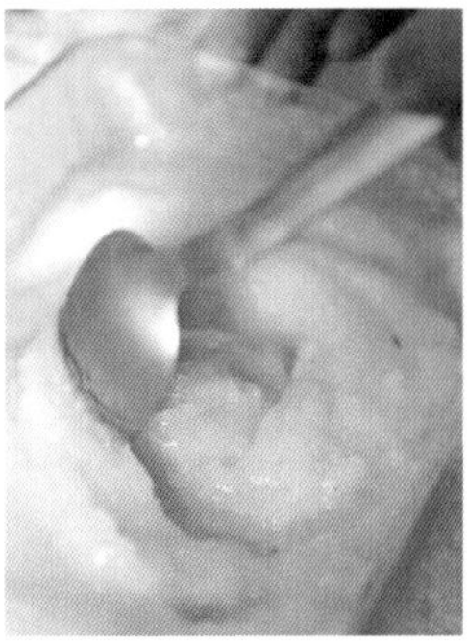

3. 將剁碎的紫蘇葉浸入糖水15分鐘，再過濾移除。

4. 加入檸檬汁、冷水120克、檸檬皮攪均勻後，放入淺盤封保鮮膜。

5. 冰入冷凍庫兩個小時，待結冰後以叉子攪拌。

6. 再冰兩個小時，以果汁機攪打為綿密狀即可裝入切對半檸檬中。

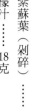

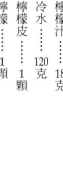

連載—飛田和緒帶你做日本各地的料理⑥

新潟山間的美食

文—飛田和緒　攝影—廣瀨貴子
翻譯—王筱玲

竹葉壽司

這是糸魚川、上越、長野的飯山地方從過去到現在都會吃的壽司。似乎會在慶祝的宴會上或是有客人來訪聚餐時，做成點心來招待。在專用的押壽司（譯註：或稱為箱壽司，用方形木盒壓出長型的壽司）木盒裡擺進竹葉，再把壽司飯和料放上去，再蓋上竹葉。重複這個方法堆疊壽司之後，再切分給大家吃。壽司料隨自己喜好準備。通常會將醃菜或佃煮（譯註：將各種蔬菜或魚鮮等燉煮成甜鹹口味）搭配使用。這裡介紹比較簡單的製作方法。

■材料（4人份）
煮好的飯……兩杯米
壽司醋……3～4大匙
壽司料（滷甜辣口味的乾香菇、甜醋薑、蛋絲、佃煮蜂斗菜、佃煮山椒葉與山菜等）……適量
隈竹葉（用一葉蘭或是竹皮也可以）……適量

①把壽司飯平鋪在隈竹葉上，放上喜歡的料，再用另一片竹葉蓋上。邊換配料，邊重複以上的步驟。
②放砧板上輕輕壓重疊的壽司。

箭竹筍湯

這是在上越妙高一帶的山裡常做的湯品。是春天的山菜料理之一，用箭竹筍和鯖魚罐頭做成的。罐頭的味道是重點。清爽的竹筍與甜甜的馬鈴薯、洋蔥非常搭。在山裡因為不容易取得新鮮的魚，在過去都是用鹽醃漬過的鯖魚。這道湯淋上蛋汁也非常好吃。

■材料（4～5人份）

箭竹筍（水煮過的成品也可以）……約10根
馬鈴薯……2個
洋蔥（長蔥也可）……1個
高湯……4、5杯
水煮鯖魚罐頭……小1個
味噌……約3大匙
長蔥（切蔥末）……適量

①將箭竹筍切成一半長度。馬鈴薯切成一口大小，洋蔥切粗絲。
②把高湯和①的材料放進鍋裡開火煮到軟。
③將鯖魚罐頭加入②之後，溶入味噌。依喜好切蔥末撒入湯裡即可。

saori sweets

巴黎的伴手禮

公文美和的攝影日記⓯

美味日日

名古屋的和果子

羽田機場

令人太開心的蛋糕

岩手縣的蘋果

京都的和菓子

亞洲毛茛

凝視著夕陽

德國耶誕麵包2010

○●○●

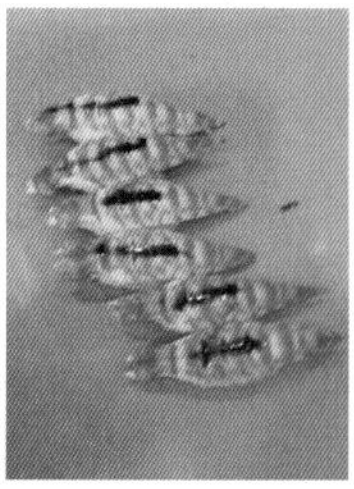
壽司 山沖

在教室裡拍照

土佐灣

公園的玫瑰

喜歡照相機

在庭院吃午餐

攝影的午餐

等待日出

挖地瓜

好棒的風景

最喜歡庫斯庫斯

赤坂虎屋2011

正月

甜點很重要

一期一會

這裏是摩洛哥？

看起來很美味的杯子

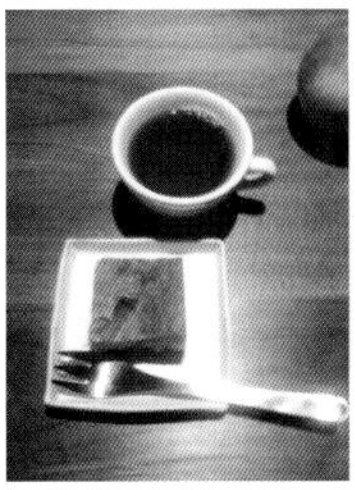
蘋果的蛋糕

京都的洋食

香菇湯

期待的慰勞

如果也買其他顏色
就好了！

要編成什麼呢？

在「MARUMO」休息一下

參加XO醬的製作

菊壽糖

咖哩的午餐

不知不覺注視著

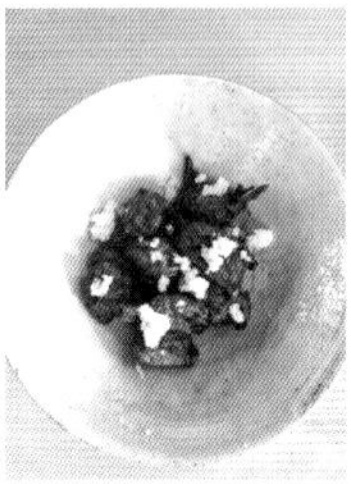
天婦羅

好酷的草莓

東京晴空塔

蜂斗菜花苞

攝影的午餐

想要的物品清單①

如夢似幻的味道

造型師的布

丸之內

Le Pain Quotidien麵包坊

栗子奶油蛋糕捲

便當的小菜

松本的鰻魚蓋飯

漂亮的形狀

四谷

好喝的茶

冬天的散步

和三盆的海綿蛋糕

用台灣食材做美味料理❶

阿泰老師的泰國媽媽味

外形帥氣的阿泰，十歲就跟著媽媽移居台灣。設計研究所畢業，當過髮型設計師，也曾擔任kiki Thai餐廳的廚藝顧問。「當我想念媽媽時，我就下廚做菜！」對於從小跟著母親在菜市場、廚房工作的阿泰來說，料理的味道訴說著思念，而煮菜是他最溫暖的療癒，抒解安撫他想念媽媽與思鄉的心情。

幾乎是所有人走進泰式餐廳時必點的月亮蝦餅，其實是台灣人發明的！作法是將蝦泥捏成略有厚度的大片圓形薄餅後下鍋油炸，再切塊上桌，這是很適合在家製作，簡單好上手，快速就能端上桌，而且絕對是人人讚不絕口的一道菜呢！

■材料（4人份）

蝦肉——300克（一半切末一半處理成泥狀，可用任何品種，大隻的帶有蝦膏佳）

豬肥肉末——（細絞油）60克

白胡椒粉——¼茶匙

蠔油——1茶匙

泰式淡醬油——1茶匙

麵包屑——1杯

炸油——1鍋

泰式雞醬——適量

■做法

① 將蝦肉、豬肥肉末、白胡椒粉、蠔油和泰式淡醬油攪拌混合均勻，將其摔出筋產生黏性。

② 手上沾一點水以免沾黏，把餡料捏成直徑約5公分寬、高1.5公分厚的蝦餅。

③ 把塑形好的蝦餅兩面均勻的裹上麵包屑，麵包屑可放在盤子裡以便操作。

④ 以中火油熱到攝氏170度，將蝦餅兩面都炸到上色後取出，稍微瀝油後搭配泰式雞醬一起上桌。

金針花鮮蝦沙拉

這道用台東產的金針花所做出來的泰國菜，是泰國中部皇城區（曼谷）的菜色，原是搭配楊桃豆做成，但口感清脆的楊桃豆在台灣並不好找，於是阿泰靈機一動，換成了台灣人熟悉的金針花，脆脆的金針花不僅口感棒，也能吃到季節的味道。

把記憶中媽媽的泰國家鄉味，用台灣買得到的食材讓美味重現了。

■材料（4人份）

金針花——150克（切1公分寬）
豬肉末——100克
紅蔥片——2大匙
蒜末——2大匙
乾朝天椒——5支（炸酥）
草蝦——4隻（切背、去腸泥、頭、殼，留尾巴）
泰式紅辣椒膏——40克
魚露——1.5大匙
椰糖——2茶匙
椰奶——100毫升
無子檸檬汁——2大匙
原味碎乾花生——1.5大匙（烤脆呈焦黃色）
椰肉屑——1.5大匙（烤脆呈焦黃色）

■做法

① 準備一鍋冷水（份量外），開大火煮滾後放入金針花，再次水滾時撈起金針花冰鎮、瀝乾，備用。也將肉末燙熟備用。

② 以中小火熱4大匙（份量外）的油，分次將紅蔥片、蒜末、乾辣椒以半煎半炸的方式至呈金黃色、酥脆。留2大匙的油以中火煎蝦，呈微微焦黃色。

③ 熱鍋中小火加入泰式紅辣椒膏、魚露、椰糖炒至融合均勻後加入椰奶，微滾後關火，擠上檸檬拌勻。

④ 加入熟肉末、蝦子拌勻，再加入金針花、碎花生、椰肉屑輕拌，撒上蒜、紅蔥酥，保留一些來裝飾。

⑤ 盛盤時裝飾蒜、紅蔥酥，擺上乾辣椒一起吃。

最好的讚美就是——把菜吃光光！

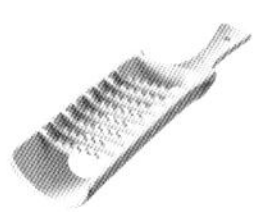

先生最愛吃的一道就是通心粉沙拉。不管心情多糟糕，只要有這一道，就能讓他恢復好心情。

每次我一做都會用掉一整包通心粉，但這道菜在我們家永遠沒辦法當作常備菜，一定是一口氣就被吃光光。

做多一點不就好了？不過這樣只會吃得更多，所以還是做固定的份量比較好。

拍照時工作人員都很客氣，特別把通心粉沙拉留給我的家人，我也滿心期待可以吃到。

沒想到先生居然趁我去洗澡時一口氣吃光光！這麼一大盒⋯⋯看來似乎好吃到讓他捨不得分一點給我跟女兒。

結果我只看到剩一只空空的保鮮盒在桌上，根本看不出裡面原本裝什麼。

那天晚上我下定決心，下次要多分裝在幾個容器，先放進冰箱裡。　——摘自飛田和緒《常備菜》，日版封面拍攝的小故事

日日歡喜 ⓱

最喜歡的日日風景

每天的生活可能都是
起床、吃飯、工作或讀書、睡覺。
但是生活儘管再怎麼平凡，卻絕對不單調。
一盆花、一棵樹、一扇小窗外的景色、
可以看見鳥兒停駐的一隅，都無比美好。
因此這一期請日日的夥伴們
分享、並拍下他們在生活中喜歡的自然風景。

34號（專欄作者，台北市）

小時候爸爸常放的唱片之一就是齊豫的《橄欖樹》，所以我也很小就會跟著唱，卻從來沒有見過真正的橄欖樹，直到2013年我們帶孩子到義大利自助旅行，住在一邊是橄欖樹園一邊是葡萄園包圍的托斯卡尼山城農莊，第一次見就見到了滿山滿園。當時三歲的兒子撿了落在地上的橄欖送我當禮物。或許是帶著歐洲地中海風情，所以不少日本個性雜貨店家門口都會擺上一棵，只不過，義大利的油橄欖樹在台灣並不多見，一次見到花市有人販售，我興奮的帶回小小一株苗，雖然長得很慢很慢，但是我終於有了一棵屬於我的橄欖樹。

褚炫初（譯者，台北市）

平日工作忙，最貼近生活的自然應該是陽台上的植栽。這陣子開得最美的是繡球，繡球在日本稱之為紫陽花，大四那年在京都車站旁的禮品店打工，午後最清閒的時刻，我總望著對街大片紫陽花胡思亂想。梅雨的京都，絢爛的紫陽花讓人精神為之一振，平淡的下午也生動起來。直到現在，雨季來臨前就會到花市挑盆繡球花，看著她們，就算下雨心情也是好的。

傅天余（電影導演，台北市）

我很幸運住在台北市公園最多的民生社區，雖然住在市中心，跟自然卻一直很親近，能確實感受到季節的交替。我的公寓面對一座生態公園，有水池、大樹，附近幼稚園小朋友會來這裡上自然觀察課，早晨經常是被他們可愛的驚呼聲吵醒。最近有天晚上公園突然響起此起彼落的蛙鳴，原來夏天到了呀！

前幾天在公園跟狗狗玩牠最愛的扔球遊戲時，一不小心太用力，球卡在高高的樹枝上了。我拚命搖樹，脫下鞋子朝上扔，數十回之後終於成功把球打下來。大自然的美妙，就是讓人身在其中就能輕易找回這種童年時的單純快樂吧！

蘇文淑（譯者，京都府）

我最喜歡觀察自然的角落是家旁的高野川畔。雖然我也很喜歡自己家的植栽空間，但季節總是早一點從河邊的地面竄出來。當春天還在家門口睡覺，河畔白茫茫的地上已經冒出零零落落的一株、一撮。夏季颱風一來，水位就高漲。秋天就紅，冬日一大片寧靜的白。春夏秋冬，顏色、氣息、溫度、濕度，一整顆心都被高野川畔的植物挑動，不曉得為什麼散步的時光總是這麼恬和。我希望這個角落永遠美好。（河畔也看得見各種人留下來的物品殘骸，塑膠雨傘、CD盒，etc.）

賴譽夫（編輯，台北市）

春夏兩季在台灣遊逛，最常見到的就是百合花了。不論是在草埔陵丘、海岸岩隙、高山峭壁、離島荒礁……，種種差異甚大的環境皆可見到它的身影。我喜歡百合草根的、堅韌的生命力，永不熄志的模樣。據稱全球已發現的百合有四千多種，台灣則有五種，像是常見的台灣百合（高砂百合）、俗稱鐵砲百合的粗莖麝香百合，以及野小百合（細葉卷舟）、常為藥用的豔紅鹿子百合、小葉台灣百合。工作之餘、間隙之間，我偶會離開台北市區去觀海，台灣北岸與東岸百合迎著海風的模樣，常令人看得入迷。

Evan Lin（攝影師，台北市）

因為住在離山很近的地方，在女兒小baby的時候，就帶著她常常來這裡走走。

很喜歡山，是後來才發現的事，因為山讓我覺得很有療癒感，即使是下雨天，溼潤的空氣也很令人愉悅。

這個山中角落是往平等古圳入口處會見到的，第一次走進這裡就讓我很喜歡，依照不同季節、氣候，來的時候感受也很不同，有時候光在這聽聽水流聲、蟲林鳥叫，呼吸著帶點森林氣息的空氣，就會讓心平靜下來。尤其孩子更是敏銳，來到自然中，可以感受到他們似乎有著接受自然正面能量的能力。

這個步道很好走，爬坡約15分鐘後，就會沿著古圳邊一路走到陽明山的平等里，如果想要輕鬆一點可以拐個彎，再從原路下山，總之是個彈性很大的路線，重要的是，帶小孩走也可以很輕鬆地走完。

德利與豬口杯

趣談日日用之器❶

德利

由菅原硝子職人手工製作的德利，在清透平滑的玻璃表面做出凹凸不平的質感，裝入酒之後反射出光澤，產生有如水流的波動。而另外鍍上的金及白金，點綴在透明瓶口及杯口，完成了美麗雅緻的酒道具。

amabro-ERI 豬口杯（白・紅・瑠璃・翠）

繪上金邊的單色豬口杯，有著亮麗的色澤，配上古典的唐草紋，無比優雅。

在日本販賣酒器的地方，常會看到「德利」（日文發音tokuri）這個名詞，德利是一種瓶身胖圓、開口小的酒瓶，容量大約裝一～二合（合是日本古老的度量衡單位，現在日本酒仍使用這個說法。一合約180ml）。

在平安時代的歌謠裡，有用「toku、toku」的說法來描述倒酒時的聲音，因此就用這個發音將酒瓶稱為「德利」。但其實「德利」在早期不只是用來裝酒的器具，也有人拿德利來裝醬油或醋，甚至有比現在普遍看到更大容量的德利。

另外在德利旁邊搭配的是一種小小的杯子，稱為豬口（cyoko）。古時候用素燒的土器來當作酒杯，後來慢慢出現了木製的杯子，到了江戶時代陶瓷器普及後，開始也稱陶瓷器做的酒杯為「豬口」，豬口原本是用來裝小菜用的。據傳當時從中國一帶傳到日本的這種杯子，形狀就像豬的嘴巴一樣，因此日文就用擬似中文豬口的發音。當然現在豬口不只有用陶或瓷做的，也有玻璃製。用法也不限於裝小菜或是當酒杯，吃蕎麥冷麵的時候，也常用豬口杯裝醬油和沾料。

日日使用的器皿，有趣之處不正是隨使用者的心情與想法來變換用法嗎？

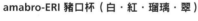

34號的生活隨筆⑬

夜幕低垂下的 D&Department Kyoto

圖・文—34號

我試著從記憶卡裡的許多影像中，挑出一張能傳達我當下感受的照片，卻挑不出。農曆正月的京都旅行最讓我難忘的，當屬那夜踏進佛光寺大門至離開的那段時光。因為仗著佛光寺與我們下榻處相距不遠，所以每天都想先去別處，等一天行程將要結束才想到D&Department Kyoto還沒去啊！但是天都黑了，於是這樣一天拖過一天，最後還是在倒數第二天，冬天太陽早落夜幕低垂我們才從四条通慢慢散步過來。

氣溫很低，天黑了更覺得凍，佛光寺被高高的牆圍住，我們繞了三面牆才找到入口，差點以為記錯打烊時間今日又得扼腕。出發前看過網路上的影像；巨碩銀杏樹、落了滿地金黃，與上頭掛了「d」字牌的木造建築，令人充滿期待。

沿路走來沒有什麼路燈，很暗，走上石階踏進高聳莊嚴的寺門，眼睛被突然來的強光一照瞬間無法適應，幾秒後才看到黑暗中的寬廣院落，只有照著寒冬樹梢僅剩枯枝的銀杏的投射燈，以及透出窗櫺的溫暖黃光，其餘籠罩著一片黑暗和像是會把人吸走的寧靜。沒有人會在入夜了才來吧！尤其是呼吸都感覺冰的夜，所以我們得以獨享這份特別的寂靜。夜裡的寺廟正殿因為沒有燈，像是與天的黑幕連成一片，彷彿無限延伸特別的高，因為看不清楚透著神祕，院落四面只有dd食堂與d&d店鋪亮著燈，木格窗與燈光在碎石地上畫出長長光影向院落中心延伸，本來店鋪是我的首要目標，此時此刻我卻只想在黑暗中的古寺前再多站一會兒，連冷冽的空氣似乎都像是刻意配合著現下的空與靜，完美難忘。

以舊建築改造為商業空間的案例在世界各地都可見，古都京都更是不少；古町家咖啡館、古町家民宿、廢棄小學校舍的咖啡屋餐廳等，各有特色，但沒有一處比這位在京都下京區、四周被現代建築包圍、創建於西元1212年的本山佛光寺與京都造形藝術大學和D&Department的合作更讓我驚嘆與佩服了，八百年的古寺化身為販售具備永續設計精神的二手商品及京都本地工藝品的D&Department第十家店鋪，以及以京野菜料理為主的dd食堂，光天晴日下必然是另一番姿態模樣，但因為緣分，我們在冬夜無人之時來到，有幸毫無干擾的靜靜品賞，期望秋天鋪上金黃銀杏地毯時還能有機會再訪。

POP-UP 手紙舍 in 台北

POP-UP TEGAMISHA in TAIPEI

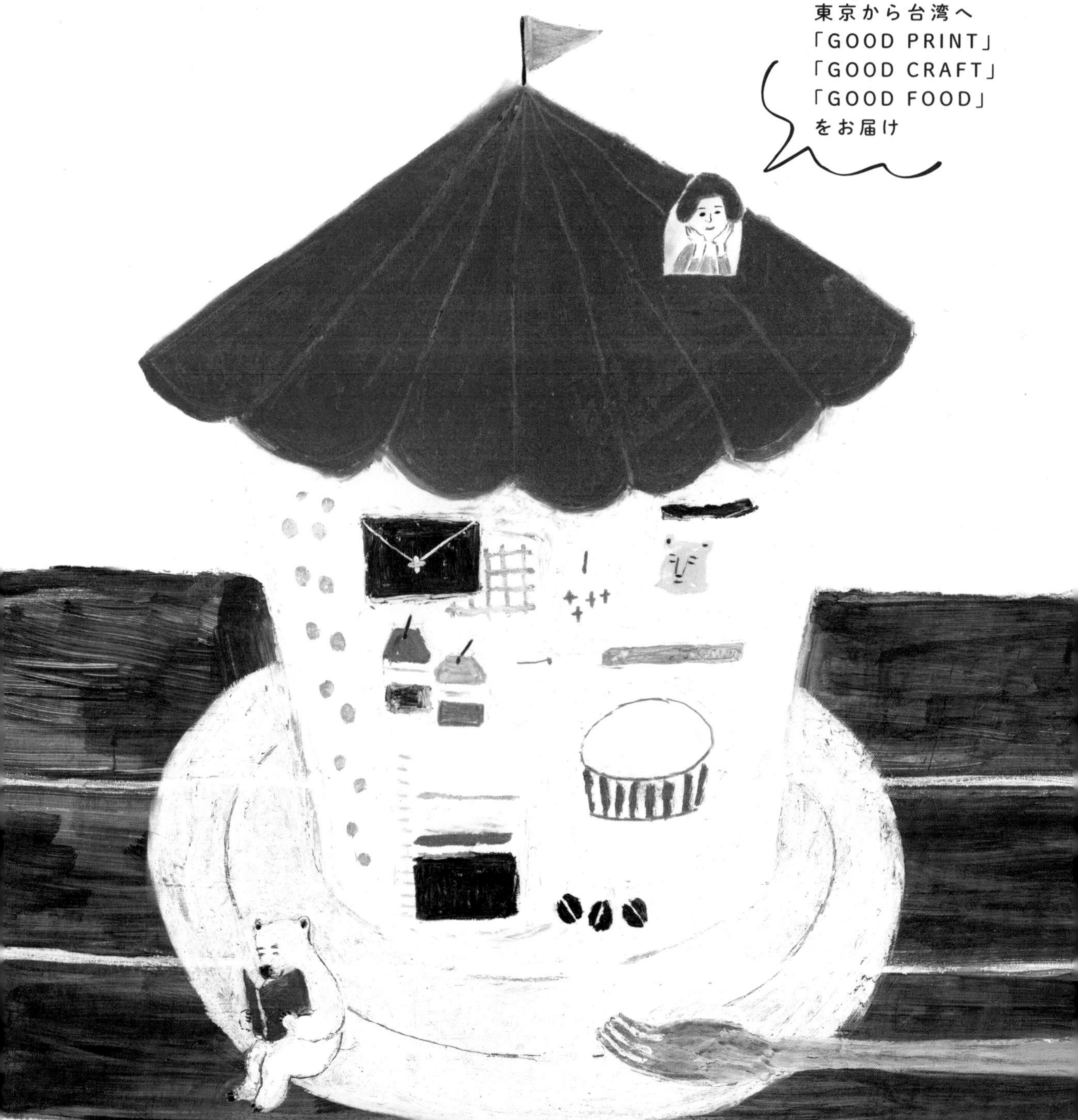

2015.6.20 sat ～ 8.30 sun

展場：小器藝廊 +g

台北市大同區赤峰街 17 巷 4 號　tel.(02)2559-9260　https://www.facebook.com/xiaoqiplusg

日々・日文版 no.23

編輯・發行人——高橋良枝
設計——渡部浩美
發行所——株式會社Atelier Vie
http：//www.iihibi.com/
E-mail：info@iihibi.com
發行日——no.23：2011年3月1日
插畫——田所真理子

日文版後記

「器皿店兼咖啡店 草so」所在的鴨川市，是位於接近房總半島前端的山邊。那裡離電車外房線和內房線幾乎是相同的距離。開車的話，走東京灣跨海公路大約要一個半小時的車程。那裡空氣清澈，聽得到的只有拂過樹梢的風聲和鳥鳴。是一個彷彿能同時洗滌身心的場所。看到這對在都市長大的夫婦，快樂地在大自然中生活的樣貌，青春的美好讓人十分感動。

蠟燭創作家前田佐千子的拍攝工作最後是在蠟燭教室裡完成的。攝影師公文美和與我也挑戰了雛菊的蠟燭製作。前田佐千子輕輕鬆鬆就用竹籤畫出了雛菊的花瓣，我們當然是沒辦法畫出想像中的樣子，但最後也完成了好幾個蠟燭，度過了非常愉快的時光。（高橋）

日日・中文版 no.18

主編——王筱玲
大藝出版主編——賴譽夫
設計・排版——黃淑華
發行人——江明玉
發行所——大鴻藝術股份有限公司｜大藝出版事業部
台北市103大同區鄭州路87號11樓之2
電話：（02）2559-0510　傳真：（02）2559-0508
E-mail：service@abigart.com
總經銷：高寶書版集團
台北市114內湖區洲子街88號3F
電話：（02）2799-2788　傳真：（02）2799-0909
印刷：韋懋實業有限公司

發行日——2015年6月初版一刷
ISBN 978-986-91115-7-7

日日 / 日日編輯部編著. -- 初版. -- 臺北市 ：
大鴻藝術, 2015.06　48面；19×26公分
ISBN 978-986-91115-7-7（第18冊：平裝）
1.商品 2.臺灣 3.日本
496.1　　104005077

中文版後記

最近天氣越來越炎熱，感覺好像冬天才剛過，夏天就要來臨似的。看到這期《日々》特集，能夠住在被自然包圍的地方當然是令人無比羨慕，但回到現實，那樣的生活的確不是任何人都能擁有的吧！不過這期我們終於訪問到網路一家非常有人氣的鹹派與甜點店山山，雖然山山原本也是一間位在山裡的工作室，因為種種原因必須搬回市區，但從山山在工作室陽台種植了許多香草植物，讓我想到，其實要接近自然，並不一定得到山裡，我們每天的生活裡，一定可以看到令我們身心放鬆愉快的自然吧！

這一期開始，我們新增了兩個專欄，一個是由料理人來教大家用台灣食材做世界料理；另一個是可以讓大家更認識日日所用之器，關於這些器皿的小故事或小常識。希望這小小的改變，可以讓大家對每一期出刊的《日々》有更多的期待。（王筱玲）

大藝出版Facebook粉絲頁http：//www.facebook.com/abigartpress
日日Facebook粉絲頁 https：//www.facebook.com/hibi2012